Angelika Kipp

DIE KLEINEN GESPENSTER

Bastelideen mit Tonkarton

frechverlag

Von der bekannten Autorin Angelika Kipp sind im frechverlag zahlreiche andere Titel erschienen. Hier eine Auswahl:

TOPP 2071

TOPP 2080

TOPP 1989

TOPP 1938

TOPP 1921

TOPP 1854

Zeichnungen: Berthold Kipp

Fotos: frechverlag GmbH + Co. Druck KG, 70499 Stuttgart; Fotostudio Ullrich & Co., Renningen

Auflage: 5. 4. 3.
Jahr: 2000 1999 98 97

Letzte Zahlen maßgebend

ISBN 3-7724-2133-4 · Best.-Nr. 2133

Druck: frechverlag GmbH + Co. Druck KG, 70499 Stuttgart

Gibt es nun GESPENSTER, oder gibt es sie nicht?

Hm, so genau weiß das ja keiner – aber wenn man sich dieses Buch einmal genauer anschaut, dann wär's eigentlich schon ganz schön, wenn es GESPENSTER geben würde! Denn diese netten, liebenswerten Gesellen bringen solch fröhliche Farbtupfer in die Phantasie und in die Wohnung, daß man nicht auf sie verzichten mag!

Und von wegen: „Alle GESPENSTER sind weiß!" – auch solche Irrtümer klärt dieses Buch auf! Es gibt hier schließlich auch blaue GESPENSTER und gelbe und rote, und manche haben eine bunte Wuschelfrisur, andere düsen mit der Rakete und den Skateboards durch die Gegend. Dann gibt es noch GESPENSTER, die zur Geisterfete einladen und jedem GESPENSTER-Gast den Platz anweisen. Und die ganz schlauen GESPENSTER gehen sogar einen Tag lang mit zur Schule!

Sie sehen: Das Leben ohne diese lustigen Tonkarton-GESPENSTER wäre richtig langweilig! Und weil auch schon kleinere Bastler bei diesen einfachen Motiven gespenstisch toll mithelfen dürfen, können Sie sich ab sofort Ihr ganz persönliches Haus-GESPENST zulegen ...!

Viel Spaß beim GESPENSTER-Basteln!

Angelika Kipp

ARBEITS-MATERIAL

- Tonkarton (in verschiedenen Farben erhältlich)
- Tonpapier
- Leucht-Tonpapier
- Briefpapier
- Architekten- oder Transparentpapier
- Kreppapier
- Dünne Pappe
- Bleistift
- Radiergummi
- Filzstifte in Rot und Schwarz
- Schere
- Bastelmesser
- Schneideunterlage
- Kreisschablone
- Ellipsenschablone
- Klebstoff
- Filz in Blau (von der Rolle)
- Schultütenrohling
- Schleifenband
- Holzstäbe
- Perlen
- Bilderrahmen
- Faden

TIPS UND TRICKS BEIM BASTELN

Gestaltung des Motives von der Vorder- und Rückseite

Ein frei hängendes Fensterbild sollte sowohl von der Vorder- als auch von der Rückseite gearbeitet werden; hierzu benötigen Sie die meisten Teile in doppelter Ausführung. Die Teile werden nur spiegelverkehrt, aber in der gleichen Reihenfolge wie auf der Vorderseite angebracht.

Das Aufhängen

Es gibt verschiedene Möglichkeiten, ein Fensterbild aufzuhängen. Sie können sich zwischen dem altbewährten Faden oder einem Klebeband entscheiden. Wenn Sie mit einem Faden arbeiten wollen, balancieren Sie das Motiv zwischen Daumen und Zeigefinger aus, bis Sie die richtige Stelle gefunden haben. Mit einer Nadel stechen Sie dann einige Millimeter vom Rand entfernt in den Tonkarton und ziehen den Faden durch.

Deckungsgleiches Kleben und Aufmalen

Die Rückseite sollte bei den Gespenstermotiven dieses Buches absolut deckungsgleich geklebt und bemalt werden, da weißer Tonkarton durchscheint. Stellen Sie dazu die Vorderseite des Motives komplett zusammen, dann drücken Sie die Bastelarbeit bei Tageslicht mit der bereits fertig gestalteten Seite gegen eine Fensterscheibe. Die nun durchscheinenden Kanten zeigen genau, wo die Teile und Linien auf der Rückseite deckungsgleich aufgeklebt bzw. aufgemalt werden müssen.

Schritt für Schritt erklärt

1 Legen Sie Architekten- oder Transparentpapier auf das ausgewählte Motiv auf dem Vorlagenbogen, und übertragen Sie mit einem Bleistift alle benötigten Einzelteile ohne Überschneidungen.

2 Kleben Sie das bemalte Transparentpapier auf eine dünne Pappe, und schneiden Sie die Einzelteile heraus. Fertig sind die Schablonen!
Dann arbeiten Sie die benötigten Einzelteile, indem Sie die Schablonen einfach auf Tonkarton der gewünschten Farbe legen, mit einem Bleistift umfahren und dann die einzelnen Teile ausschneiden.

3 Fügen Sie die Einzelteile zu dem gewünschten Motiv zusammen – das Foto und die Vorlage geben jeweils Positionierungshilfen. Nun werden noch die Gesichter und alle anderen Innenlinien (siehe Vorlagenbogen) aufgezeichnet.

MIT DER RAKETE DURCHS ALL

Heutzutage bedienen sich Gespenster auch schon der modernsten Technik!
Die rote Rakete wird vorne mit dem Streifen und der Raketenspitze in Gelb verziert; die blauen Flächen werden ebenfalls von vorne ergänzt, der gelbe Feuerstrahl wird dagegen von hinten an der Rakete fixiert. Die Gesichter der beiden rasanten Gesellen sind aufgemalt.

Das Gespenst, das die Rakete lenkt, wird von hinten in das Gefährt gesetzt und bekommt dann von vorne den rechten Arm.
Die beiden Gespenster schützt jeweils ein dicker Schal vor dem kalten Flugwind!

BUNTE WUSCHELGESPENSTER

Diese lustigen Gespenster bekommen zuerst ihre Gesichter aufgemalt. Typisch für Wuschelgespenster ist die Zottelfrisur, deren Farbe Sie selbst bestimmen können und die jeweils von vorne ergänzt wird.
Damit die drei Gespenster in dieser Nacht am alten Turm umherspuken können, bekommt er zunächst den dunklen Eingang (Strich-Punkt-Linie) mit der knarrenden Eichentür (gestrichelte Linie). Die Holzmaserung ist aufgezeichnet, der Griff von vorne aufgesetzt. Mit dicken grauen Steinen wird anschließend der Eingang ummauert. Der fertige Turm wird dann auf einen schwarzen Tonkarton-Untergrund (35 cm x 45 cm) gesetzt.

Nun können die Wuschelgespenster nach Lust und Laune in der sternenklaren Nacht um den alten Turm geistern – Hauptsache, sie fallen nicht aus dem Rahmen!

POMPON-GESPENSTER

Wie der Name schon sagt, diese Gespenster schmücken sich gern mit bunten Pompons!
Aber zuerst bekommen die lustigen Kerlchen ihr Gesicht und die Linien unter den Armen aufgemalt. Dann werden die kunterbunten Pompons aufgesetzt, und schon kann in den Lüften der Pompon-Tanz getanzt werden!

EIN GESPENSTER-MOBILE

Am liebsten fliegen die kleinen Gespenster zur Nachtzeit, wenn der Mond scheint und die Fledermäuse am Himmel umherflattern ...!

Zunächst bekommen die Mobile-Gespenster ihr Gesicht aufgezeichnet und gegen die Nachtkälte einen Schal umgebunden. Der Mond und die Fledermäuse erhalten ebenfalls ihr Gesicht; nur der Mund des Mondes ist aufgeklebt.
Für das Mobile werden drei Holzstäbe (ø 3 mm, Länge 32 cm) und sechs Holzperlen sowie rotes Schleifenband (Breite 0,5 cm) benötigt.
Die Holzperlen werden jeweils am Stabende befestigt.

Fügen Sie die Teile durch Ausbalancieren des Schleifenbandes zusammen.

BESUCH BEIM MOND

Wer den Mond besuchen will, braucht zuerst einmal ein aufgezeichnetes Gesicht. Ein kleines Gespenst macht es sich auf dem Mond bequem, der es mit einem freundlich lachenden Mund begrüßt.

Der Mond wird auf einen schwarzen Karton (35 cm x 45 cm) gesetzt. Ein zweites Gespenst tanzt um die beiden anderen Gesellen herum, bis die Sterne am Himmel auftauchen. Dann fehlt nur noch der passende Rahmen für einen Besuch beim Mond.

GESPENSTER-TREFF

EIN GESPENST MIT HERZ

Dieses Gespenst scheint ein ganz herzlicher Zeitgenosse zu sein! Sein Gesicht sowie die Punkte der Krawatte sind aufgemalt. Zur Feier des Tages hat der Herzensbrecher von hinten seinen zweiteiligen Hut aufgesetzt und von vorne die zweiteilige Krawatte umgebunden. In der linken Hand hält er ein Herz – wer will es haben?

DAS ZAUBER-GESPENST

Das Zauber-Gespenst erhält zunächst das aufgemalte Gesicht. Als absoluter Profi hat es natürlich auch einen Zauberhut, der mit vielen Sternen beklebt ist.

Der Zauberstab, dessen oberer Teil schwarz angemalt wird, läßt schon Stern-Funken fliegen!

EIN GESPENSTER-GRUSS

Diese kleinen Gespenstergrüße sind alle aus buntem Tonpapier gearbeitet, da Tonkarton hierfür ein wenig zu dick ist. In unterschiedlichen Flugpositionen flattern sie über das Briefpapier und die Umschläge.

EINLADUNG AN ALLE GESPENSTER

HIER SITZEN DIE GESPENSTER!

Weißer Tonkarton (Länge 28 cm, Höhe 16,5 cm) wird einmal gefaltet (14 cm x 16,5 cm). Das Gespenst wird herausgeschnitten, wobei die gepunkteten Linien (siehe Vorlagenbogen) direkt an der Faltkante liegen müssen, so daß man das Gespenst später wie eine Karte aufklappen kann. Das Gesicht ist aufgezeichnet. Wer wird wohl zum Gespensterfest eingeladen?

Diese bunten Gespenster, die jeweils aus einem Stück Tonpapier geschnitten werden, können auf Tonkarton-Tischkarten (11 cm x 8 cm), die in der Mitte gefaltet werden (11 cm x 4 cm), Platz nehmen.

GANZ SCHÖN SPORTLICH

Das Gesicht der Skateboard-Fahrer sowie der Mützenrand und die Falten des Gewandes sind jeweils aufgezeichnet. Der fahrbare Untersatz erhält von hinten die zweiteiligen Räder. Nun noch schnell die Mützen aufgesetzt, und die sportlichen Geisterfahrer können starten!

FLUG-HILFEN

Na, mit dem Luftballon geht es einfach leichter ...! Doch bevor die beiden in die Luft gehen können, bekommen sie ihr Gesicht aufgemalt. Dann darf sich jeder den Luftballon seiner Wahl aussuchen.

EINE KUNTERBUNTE GESPENSTER-SCHULTÜTE

Damit die kleinen Gespenster auch mal zur Schule gehen können, wird die Schultüte – Schultütenrohlinge sind im Fachhandel erhältlich – zunächst mit blauem Filz von der Rolle bezogen.

Die Gespenster, die jeweils in einem Stück aus Leucht-Tonpapier geschnitten sind, bekommen ihre Gesichter aufgezeichnet. Dann können die bunten Gesellen auf der Schultüte umhergeistern. Die Öffnung wird mit gelbem Krepppapier (40 cm x 145 cm), das gerafft ins Innere der Tüte geklebt wird, und mit einer Krepp-band-Schleife verschlossen.
Ob Gespenster auch lesen und schreiben können?

EIN GESPENSTER-LESEZEICHEN

Die Gespensterform sowie das Rechteck werden aus Tonkarton ausgeschnitten, damit das Lesezeichen die nötige Stabilität erhält. Dann wird die gleiche Gespensterform nochmals aus Leucht-Tonpapier gearbeitet und auf die bereits gefertigte Tonkarton-Gespensterform geklebt. Wenn das Gespenst sein Gesicht aufgemalt bekommen hat, setzt es sich auf das Rechteck. Ideal für jede Gute-Nacht-Lektüre!

EINE DICKE REGENWOLKE

Die etwas regenscheuen Gespenster brauchen zuerst ihr aufgemaltes Gesicht. Dann sind die Schirme an der Reihe: Auf dem Schirmteil kleben viele Punkte; überstehende Kreise werden mit der Schere angeglichen. Den Stock kleben Sie von hinten an das aufgespannte Teil. Wenn die fliegenden Gespenster die Schirme in die Hand nehmen, wird das separat gearbeitete Fingerteil jeweils von vorne ergänzt. Vor dem Regen geschützt, schweben sie unter der dicken Regenwolke direkt an Ihr Fenster!

HAUS-GESPENST

Na, wohnt bei Ihnen auch schon ein Haus-Gespenst?
Das Gesicht dieses liebenswerten Hausbewohners ist aufgemalt. Durch den mit roten Steinen verzierten Schornstein sucht er den Weg ins Freie – aber er kommt ganz sicher wieder nach Hause!

GESPENSTER-LATERNEN

Wenn diese Gesellen durch die Nacht fliegen, ist der Gespenster-Laternenlauf angesagt! Und dazu benötigen die Gespenster und der Laternen-Mond zuerst ihre Gesichter; sie werden mit einem roten bzw. schwarzen Filzstift aufgezeichnet. Ebenso sind die Falten in den weißen Gewändern aufgemalt. Die Laternen werden samt Stock zusammengefügt und den munteren Gesellen von hinten in die Handflächen geklebt.
Ob Gespenster auch Laternenlieder singen können?

EIN GESPENST – SO SCHNELL WIE DER BLITZ

Blitzschnell saust dieses Gespenst an Ihr Fenster: Das Gesicht ist aufgemalt, ein Arm klebt vorne auf dem Körper, der andere hinten. Dann noch rasch den Schal umgebunden und auf den Blitz gesprungen ...!